LES FABLES DU KANGOUROU

Pastiche de Jean de LA FONTAINE
et divers compléments mathématiques
Chantal BOURDEAU, Élisabeth CLERJON, Claudie MISSENARD,
dessins de Jean TOUZOT

Art Culture Lecture - Les Éditions du Kangourou
12, rue de l'épée de bois, 75005 Paris

Les fables du Kangourou

Le Kangourou aime beaucoup l'humour malicieux des fables de Jean de La Fontaine : il se trouve naturellement à son aise dans cet univers peuplé d'animaux.
La Fontaine nous en dit plus, en quelques vers bien tournés, qu'une longue histoire. Et cela, c'est bien dans l'esprit des petites questions du Kangourou.

Mais le Kangourou aime aussi les mathématiques.

Il a donc glissé, dans chacune de ces sept fables, quelques vers de son cru, pour y cacher un petit problème de mathématiques.

À toi d'essayer de le résoudre.
À toi, aussi, de relire la “vraie” fable de La Fontaine, si tu ne la connais pas déjà par cœur, et de relever les différences qui ont été introduites.

Après chaque fable, tu trouveras :
- la solution du *calcul* proposé dans la fable ;
- l'explication de quelques mots pour mieux comprendre la fable ;
- le commentaire du *Kangourou* ;
- quelques jeux et activités pour les mains et pour l'esprit.

Les Fables du Kangourou
Auteurs : Claudie MISSENARD, Élisabeth CLERJON, Chantal BOURDEAU,
avec la participation d'André & Jean-Philippe DELEDICQ et Jean de la FONTAINE.
Dessins de Jean TOUZOT

12, rue de l'épée de bois, 75005 Paris
ISBN : 978-2-87694-054-3

Retrouve le Kangourou des mathématiques sur : **www.mathkang.org**

Sommaire

* Les références des fables vous permettent de retrouver plus facilement les textes originaux. Dans les fables de ces *malices*, le texte écrit **en noir** est celui de **La Fontaine**, les mots **en bleu** sont des modifications du *Kangourou* proposant des exercices.

Le Loup et l'Agneau

La raison du plus **bête** est parfois la meilleure ;
Nous l'allons montrer tout à l'heure.

Un Agneau se désaltérait
Dans le courant d'une onde pure.
Un Loup survient à jeun qui cherchait aventure,
Et que la faim en ces lieux attirait.
Qui te rend si hardi de troubler mon breuvage ?
Dit cet animal plein de rage :
Tu seras châtié de ta témérité.
Sire, répond l'Agneau, que Votre Majesté
Ne se mette pas en colère ;
Mais plutôt qu'elle considère
Que je me vais désaltérant
Dans le courant
Juste vingt pas au-dessus d'Elle.
S'écoulant calmement, l'onde
Parcourt un pas en deux secondes.
Or voici plus d'une minute
Qu'avec Elle ici je discute.
Un calcul simple et sans appel
Lui dira qu'en nulle façon
Je ne puis troubler sa boisson.
Tu la troubles reprit cette bête cruelle,
Parce qu'à l'école hélas, je ne suis pas allé
J'ai toujours ignoré l'art de multiplier.
En posant ce calcul, tu veux m'humilier.
Agneau bien trop savant, tu seras avalé.
C'est chose dite, il faut que je me venge.
Là-dessus, au fond des forêts
Le Loup l'emporte et puis le mange,
Sans autre forme de procès.

Pour comprendre la fable

tout à l'heure : sur l'heure, maintenant.

se désaltérait : buvait.

au-dessus d'Elle : au-dessus de Votre Majesté, c'est-à-dire du Loup.

onde : eau qui court.

à jeun : qui n'avait pas mangé depuis un moment.

châtié : puni.

témérité : audace, imprudence.

m'humilier : me rendre ridicule.

sans autre forme de procès : sans plus de discussions.

Les rébus de l'agneau

Chaque ligne cache un mot de la fable.
À toi de le découvrir.

1.

2.

3.

Le calcul de l'agneau

Voici le calcul que l'agneau propose de faire au loup.
L'agneau explique que l'eau parcourt une distance égale à un pas toutes les deux secondes. Or, voilà une minute qu'il a cessé de boire pour parler avec le loup. En une minute, c'est-à-dire en 60 secondes (2×30 secondes), une goutte d'eau de la rivière parcourt donc 30 pas. Or le loup se trouve seulement 20 pas plus bas. Les dernières gouttes d'eau que l'agneau pourrait avoir troublées en buvant ont donc déjà dépassé l'endroit où le loup s'apprête à boire.

Le commentaire du Kangourou

Le Kangourou n'est absolument pas d'accord avec la morale de cette fable : l'intelligence et le raisonnement finissent toujours par triompher de la bêtise et de la force brutale. Mais cela prend parfois longtemps et certains ont laissé leur vie dans leur combat pour le triomphe de la vérité scientifique.

La poursuite

Après l'agneau, le loup voudrait s'attaquer au Kangourou.
Heureusement, le Kangourou a commencé à s'enfuir et a pris 100 mètres d'avance.
Malheureusement, le loup réussit à faire 3 sauts de 5 mètres chacun pendant que le Kangourou fait un saut de 10 mètres.
Le loup est capable de faire ainsi 50 sauts avant d'abandonner la poursuite, épuisé.
Le loup va-t-il réussir à rattraper le Kangourou ?

Les charades du loup

1 Mon premier est un animal têtu très buté.
Mon deuxième est la lettre « t » en anglais.
Mon troisième est le contraire de déplier.
Mon tout est un art qui serait bien utile au loup.

2 Mon premier est ce que l'on dit aux chevaux pour qu'ils avancent.
Mon second se trouve dans le pain.
Mon troisième est synonyme d'attacher.
Le loup pense que l'agneau veut mon tout.

3 Mon premier est mienne.
Mon deuxième est une boisson répandue partout dans le monde.
Mon troisième est indispensable au voilier.
Mon quatrième se lie à « tac » pour compter les secondes.
Mon tout est une activité qui plaît plus à l'agneau qu'au loup.

4 Mon premier questionne le temps ou le moment.
Mon deuxième est l'un des cinq sens.
Mon troisième est un accessoire qui permet aux brouettes d'avancer.
Mon tout est un animal australien.

Le reflet du loup

L'onde n'était peut-être pas aussi pure que ne le dit la fable.

La preuve, c'est que le reflet n'est pas exactement le même que l'image initiale.

Recherche les différences ; il y en a 5.

Le Petit Poisson et le Pêcheur

Petit poisson deviendra grand,
Pourvu que Dieu lui prête vie.
Mais le lâcher en attendant,
Je tiens pour moi que c'est folie ;
Car de le rattraper il n'est pas trop certain.

Un Carpeau qui n'était encore que fretin
Fut pris par un pêcheur au bord d'une rivière.
Tout fait nombre, dit l'homme, en voyant son butin ;
Voilà commencement de chère et de festin :
Mettons-le en notre gibecière.
Le pauvre Carpillon lui dit en sa manière:
Que ferez-vous de moi ? je ne saurais fournir
Au plus qu'une demi-bouchée ;
Laissez-moi Carpe devenir :
Je serai par vous repêchée.
Demain me voit déjà le double d'aujourd'hui
Et chaque jour de plus doublera le plat cuit.
Rendez-vous dans une semaine :
Je quitterai là mon domaine
Avec plus de cent fois ma taille,
Vous offrant là un plat qui vaille.
Un plat qui vaille ? Holà, repartit le Pêcheur ;
Poisson mon bel ami qui faites le Prêcheur
Vous irez dans la poêle ; et vous avez beau dire,
Dès ce soir on vous fera frire.

Vérifie ici mon ami,
Que le Poisson n'a pas menti.
Que le calcul fut juste ou pas,
Un tien vaut, ce dit-on, mieux que deux tu l'auras :
L'un est sûr, l'autre ne l'est pas.

Pour comprendre la fable

un carpeau, un carpillon : une petite carpe (la carpe est un poisson d'eau douce).

fretin : poisson trop petit pour être mangé et généralement rejeté à l'eau par les pêcheurs.

Tout fait nombre : tout ce qu'on attrape compte pour remplir son panier, et ensuite son estomac.

de chère : de nourriture.

gibecière : sac du pêcheur et du chasseur.

qui faites le prêcheur : qui faites la morale aux autres.

un tien vaut mieux que deux tu l'auras : il vaut mieux avoir quelque chose que d'espérer en obtenir plus. (La Fontaine a écrit « tien » ; aujourd'hui, on trouve souvent écrit « tiens », du verbe tenir.)

Le filet du pêcheur

Le pêcheur ne s'est pas risqué à attendre que les petits poissons grossissent. Il les a entassés dans l'ordre où il les a pêchés. **Combien a-t-il de poissons dans son filet et dans quel ordre les a-t-il pêchés ?** Un conseil : regarde le poisson qui est au-dessus de tous les autres, et ainsi de suite…

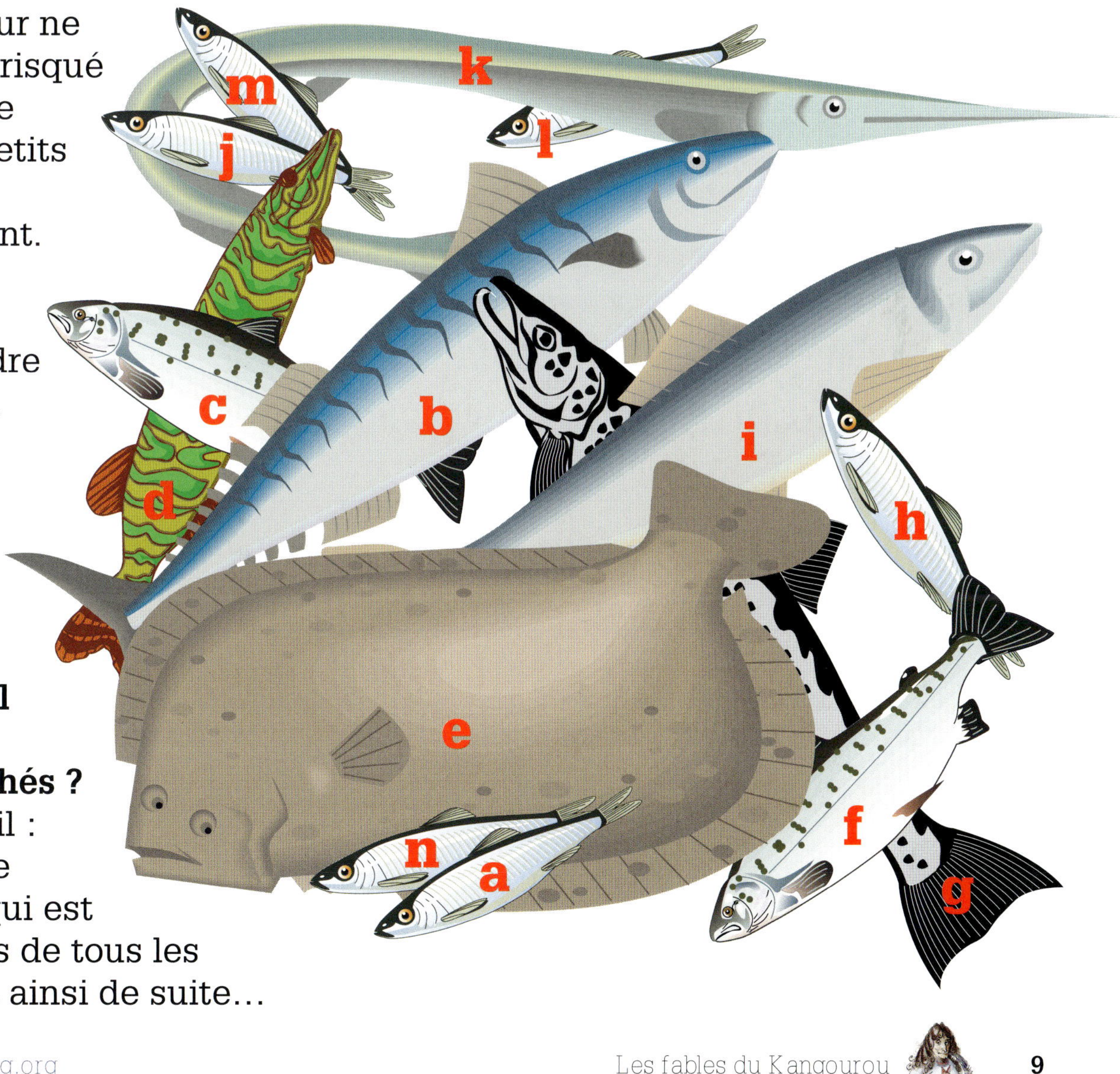

Le calcul du poisson

Si le poisson double chaque jour sa taille. En une semaine (c'est-à-dire 7 jours), elle aura donc été multipliée par $2 \times 2 \times 2 \times 2 \times 2 \times 2 \times 2$.
Or le produit $2 \times 2 \times 2 \times 2 \times 2 \times 2 \times 2$ vaut exactement 128. Le poisson ne ment pas quand il affirme au pêcheur qu'il sera cent fois plus gros la semaine prochaine (à condition, toutefois, qu'il double bien de taille chaque jour !).

Le commentaire du Kangourou

Les nombres obtenus en multipliant plusieurs fois un nombre par lui-même s'appellent les "puissances" de ce nombre.
Ainsi, les premières puissances du nombre deux sont :
2 ;
$2 \times 2 = 4$;
$2 \times 2 \times 2 = 8$;
$2 \times 2 \times 2 \times 2 = 16$;
$2 \times 2 \times 2 \times 2 \times 2 = 32$;
$2 \times 2 \times 2 \times 2 \times 2 \times 2 = 64$;
$2 \times 2 \times 2 \times 2 \times 2 \times 2 \times 2 = 128$;
$2 \times 2 \times 2 \times 2 \times 2 \times 2 \times 2 \times 2 = 256$.

Petit poisson deviendra gros

Ce poisson peut se dessiner facilement à partir de 9 points, ici marqués en rouge :

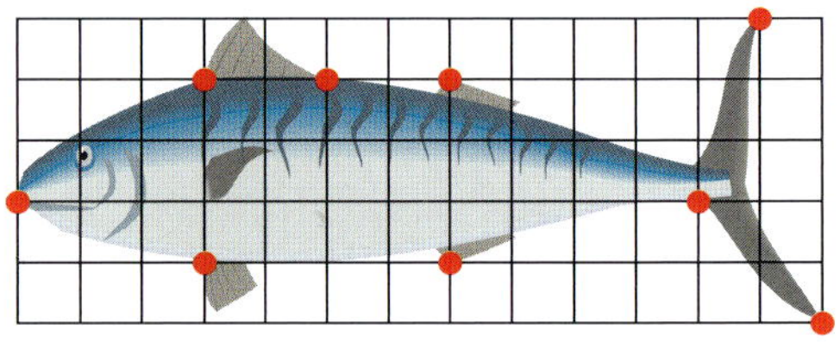

Sur le quadrillage ci-dessous nous avons marqué les mêmes 9 points (en doublant toutes les longueurs). **Dessine le gros poisson**.

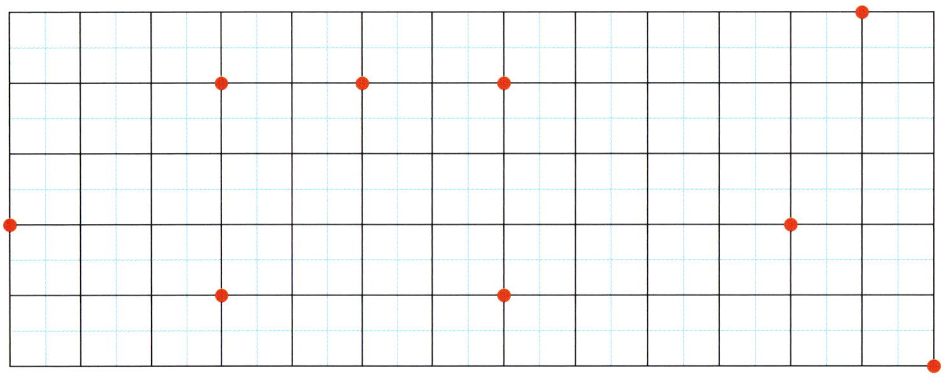

Les arêtes du poisson

Matériel : deux feuilles de papier fort (de couleurs différentes), une paire de ciseaux, un crayon à papier et un peu d'imagination.

Par pliage et découpage, tu vas fabriquer si tu le souhaites, toute une petite famille de poissons bicolores.

1 Prends les feuilles de papier fort (de couleurs différentes).

2 Assemble-les par collage sur toute leur surface.

3 Plie en deux l'ensemble.

4 Reproduis le contour du demi-poisson.

5 Découpe la forme du poisson sans oublier la queue. Maintenant, attention aux arêtes !

6 Découpe complètement les trois premières arêtes en partant de la tête.

7 Coupe ensuite des fentes le long des traits marqués (figure 1).

8 Ouvre la forme obtenue : tu as entre les mains un poisson symétrique (figure 2).

9 Replie vers l'avant les arêtes découpées.

10 Glisse les arêtes les unes sous les autres (figure 3).

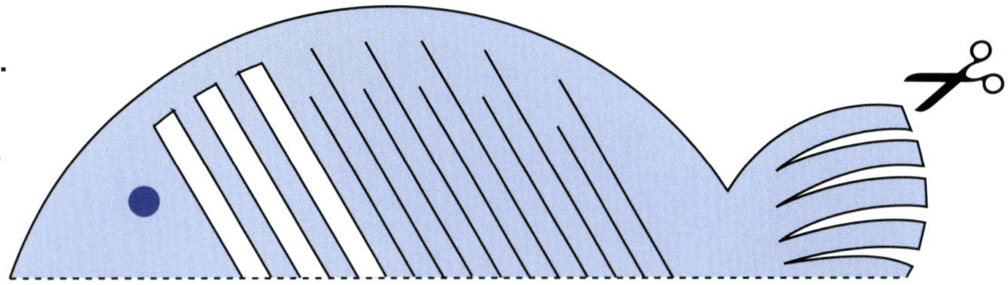

figure 1

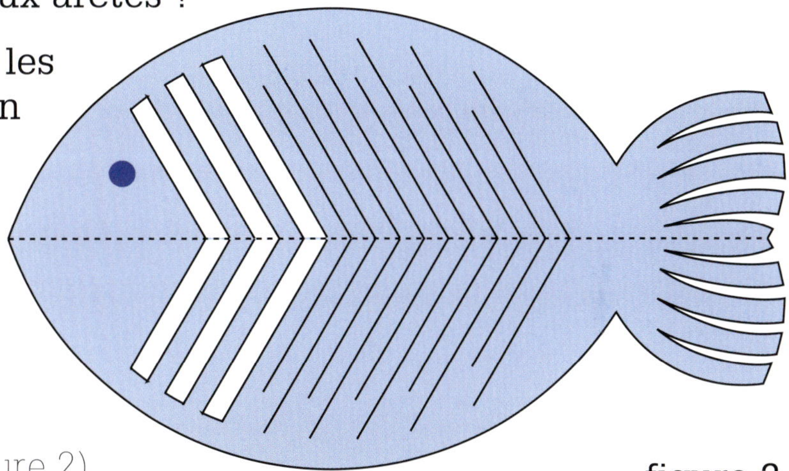

figure 2

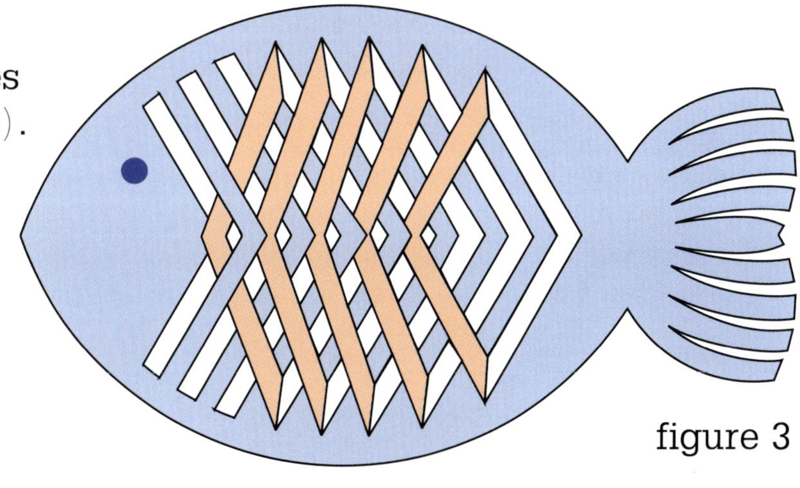

figure 3

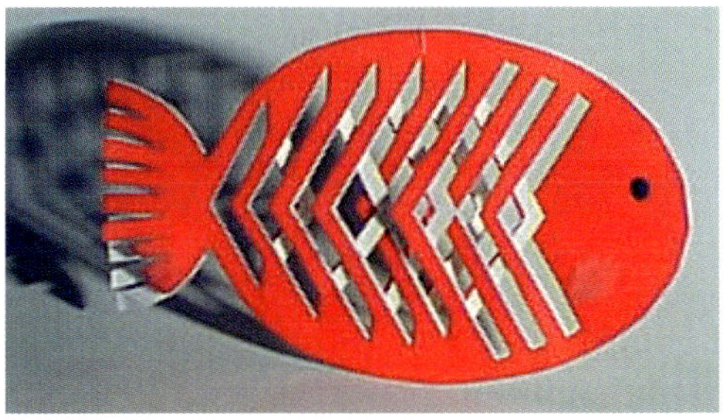

Le Lièvre et la Tortue

Rien ne sert de courir **pour qui calcule à point** :
Le Lièvre et la Tortue en sont un témoignage.
Gageons, dit celle-ci, que vous n'atteindrez point
Si tôt que moi ce but. Si tôt ! Êtes-vous sage ?
Repartit l'Animal léger.
Ma commère, il vous faut purger
Avec quatre grains d'ellébore.
Sage ou non, je parie encore.
Ainsi fut fait, et de tous deux
On mit près du but les enjeux :
Savoir quoi, ce n'est pas l'affaire ;
Ni de quel juge l'on convint.
Notre Lièvre n'avait que vingt bons sauts à faire.
Douze pas de tortue font un seul saut de lièvre
Et si en trois secondes, elle avance d'un pas,
Notre Jeannot Lapin ne réussit-il pas
En juste une seconde, deux sauts, sans trop de fièvre ?
Ayant, dis-je, du temps de reste pour brouter,
Pour dormir, et pour écouter
D'où vient le vent, il laisse la Tortue
Aller son train de sénateur.
Elle part, elle s'évertue,
Elle se hâte avec lenteur.
Lui cependant **calcule en vue de sa victoire**
Le handicap pour avec gloire
Rattraper la Tortue sans peine
En partant tard. Il broute, il se repose,
Il s'amuse à toute autre chose
Qu'à la gageure. **Tout soudain quand il vit**
Que l'autre n'avait plus que quatre pas à faire
Il partit comme un trait ; **et** les élans qu'il fit
furent **gagnants** : la Tortue arriva la **dernière**.
Eh bien lui cria-t-il, n'avais-je pas raison ?
En calculant avec justesse
Pour l'emporter, j'ai, ma Princesse
Pu dépasser votre maison.

Pour comprendre la fable

si tôt que moi : avant moi.

l'animal léger : le lièvre.

vous purger : vous soigner grâce à un médicament qui nettoie l'estomac.

l'ellébore : plante utilisée pour guérir certaines maladies.

les enjeux : les prix destinés à celui qui gagnera le pari.

son train de sénateur : son allure lente ; les sénateurs sont des élus de la nation, qui sont souvent âgés et dignes dans leur démarche.

la gageure : le pari.

pu dépasser votre maison : pu vous dépasser; la tortue porte sa « maison » sur son dos.

Le commentaire du Kangourou

La fable du Kangourou ne se termine pas comme celle de La Fontaine ; mais la morale du Kangourou c'est que celui qui connaît les mathématiques se sort de situations parfois difficiles…

Le calcul du lièvre

Le problème pour le lièvre est de calculer le temps qu'il peut laisser à la tortue avant de démarrer lui-même. Pour cela, il a calculé combien la tortue fait de pas lorsqu'il parcourt, lui, toute la distance.

La distance totale est de 20 sauts de lièvre.
Or, il fait 2 sauts en 1 seconde. Il lui faut donc 10 secondes pour parcourir toute la distance. Puisque la tortue met 3 secondes pour parcourir 1 pas, elle met 9 secondes pour parcourir 3 pas, et 12 secondes pour parcourir 4 pas.
Si le lièvre part alors que la tortue a encore 4 pas à faire, il atteindra l'arrivée deux secondes avant elle et il gagnera.

L'animal caché

1 Sur le quadrillage ci-dessous, tu peux repérer les points par deux nombres : par exemple, le point W est repéré par les deux nombres (3 ; 2).

2 Place les points repérés par les nombres du tableau ci-contre.

3 Relie les points, de A à T, dans l'ordre alphabétique.

4 Trace les segments : [TA] ; [CU] ; [UD] ; [GV] ; [VH].

A (4 ; 5)	**B (3 ; 6)**
C (4 ; 10)	**D (6 ; 13)**
E (7 ; 11)	**F (8 ; 11)**
G (9 ; 13)	**H (11 ; 10)**
I (12 ; 6)	**J (11 ; 5)**
K (10 ; 5)	**L (9 ; 4)**
M (9 ; 1)	**N (8 ; 1)**
O (8 ; 3)	**P (7 ; 3)**
Q (7 ; 1)	**R (6 ; 1)**
S (6 ; 4)	**T (5 ; 5)**
U (5 ; 16)	**V (10 ; 16).**

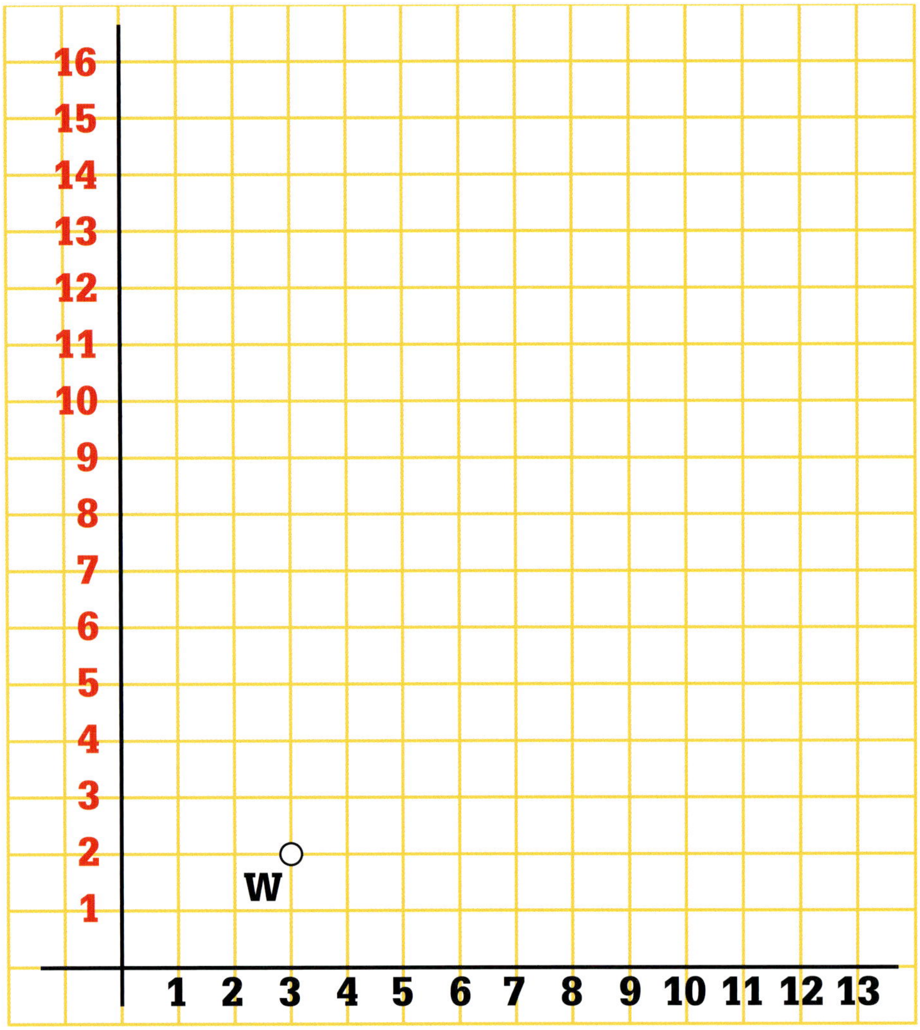

Maintenant que tu as découvert l'animal caché, rajoute-lui des yeux et des moustaches pour le rendre plus sympathique.

Le pavage de la tortue

Matériel : une enveloppe 11 x 22, des ciseaux, un tableau.

Pour réaliser le pavage ci-dessous, tu dois d'abord construire un gabarit.

Pour cela :

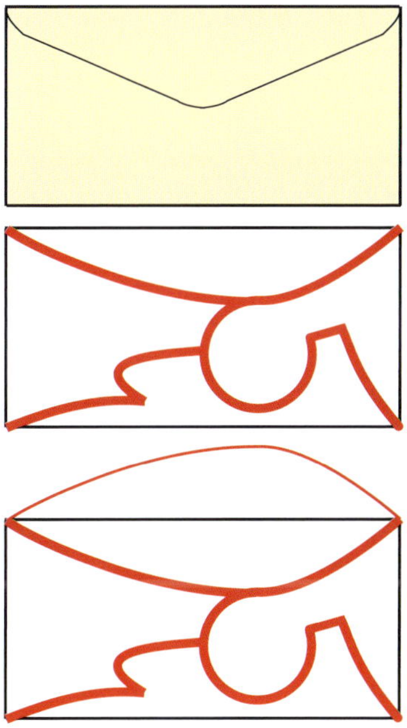

1 Prend une enveloppe (format 11 x 22) et ferme-la bien.

2 Reproduis (à peu près) ce dessin sur le côté adresse.

3 Glisse les ciseaux par un coin de l'enveloppe, entre les deux épaisseurs.

4 Découpe en suivant les traits pour mettre à plat la forme (en ne découpant qu'une seule épaisseur de l'enveloppe).

5 Mets la forme à plat : tu as alors ton gabarit, en forme de tortue.

6 Pour que ce soit plus joli, complète la physionomie de la tortue (œil, bouche, écailles).

Déplace (lentement mais sûrement) le gabarit de la tortue sur tout le tableau et dessine, à la craie, le contour de chaque tortue. *Tu obtiendras le pavage proposé ci-dessus.*

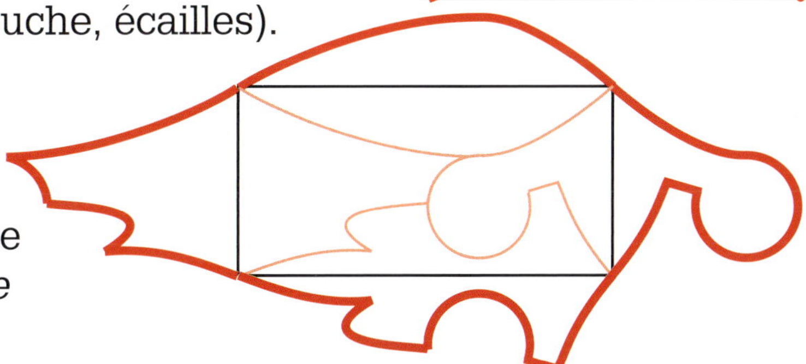

Le Laboureur et ses Enfants

Calculez, prenez de la peine :
C'est le fonds qui manque le moins.

Un riche Laboureur, sentant sa mort prochaine
Fit venir ses enfants, leur parla sans témoins.
Gardez-vous, leur dit-il, de vendre l'héritage
Que nous ont laissé nos parents.
Un trésor est caché dedans.
Dans le grand champ triangulaire,
Bordé de trois chemins égaux
Où souvent nous passons l'araire
Se situe le point qu'il vous faut.
Je ne sais pas l'endroit.
Mais je sais qu'en allant tout droit
Vers chacun de ces trois chemins
Et que tous vos pas ajoutant
Vous trouverez cent trente exactement.
Faites de ce champ le dessin ;
Tracez et mesurez : ne laissez nulle place
Où l'esprit ne passe et repasse.
Les frères réunis se mettent à l'ouvrage ;
Ils cherchent le problème,
Et tu feras de même…
Le trésor est partout, découvrent les trois frères !
Le père mort, les fils vous retournent le champ
Deçà, delà, partout ; si bien qu'au bout de l'an
Il en rapporta davantage.
D'argent, point de caché. Mais le père fut sage
De leur montrer, avant sa mort,
Que le travail est un trésor.

Pour comprendre la fable

fonds : le fonds est un vieux mot pour désigner ce que l'on possède. (Attention au « s » même au singulier.)

c'est le fonds qui manque le moins : la peine, l'application, le travail ne risquent pas de manquer aux courageux.

l'araire : la charrue.

Le champ du laboureur

Voici dessiné un plan du champ. Chacun des quatre fils a choisi un point dans le champ ; l'un est entouré de rouge, un autre de vert, un autre de bleu et le quatrième de violet).

1 Mesure les trois distances du point entouré de rouge à chacun des trois chemins (en millimètres). Calcule leur somme.

2 Fais pareil pour les points entourés de bleu, de violet et de vert.

3 Fais pareil pour le point entouré d'orange.

Comprends-tu maintenant la phrase écrite en rouge dans la fable ?

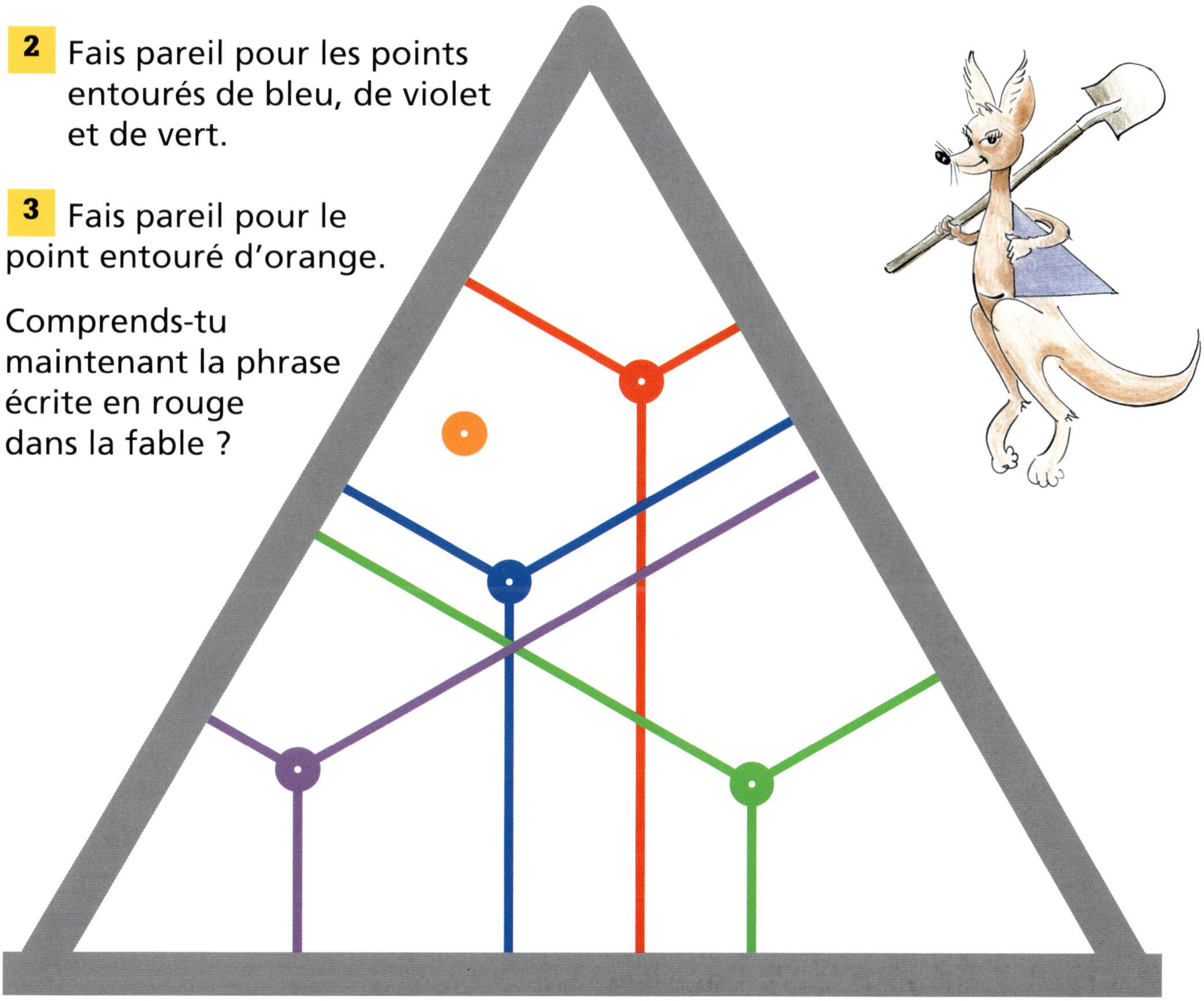

La découverte des frères

Le champ triangulaire bordé de chemins tous égaux que décrit le père est un triangle équilatéral.
Le point où se trouve le trésor est tel que la somme des distances aux trois côtés du triangle est de 130 pas.
Ce qu'ont découvert les trois frères, c'est que, si l'on choisit des points à l'intérieur d'un triangle équilatéral et que l'on calcule la somme des distances aux côtés du triangle, on trouve toujours le même résultat.
C'est ce que tu as aussi découvert en faisant l'exercice précédent : en ajoutant les trois distances d'un point (choisi au hasard) à chacun des trois côtés du triangle, tu as toujours trouvé 130 mm.

Le commentaire du Kangourou

Le Kangourou te recommande de faire tienne la morale de cette fable. En mathématiques comme ailleurs, le travail finit toujours par être récompensé.

Le défi du laboureur

Notre laboureur avait aussi un autre champ, de 12 ares, assez biscornu :

Les quatre fils souhaitent se partager ce champ en quatre morceaux ayant exactement la même forme et la même surfaces de 3 ares.
Peux-tu leur proposer un tel partage ?

Une ribambelle de laboureurs !

Matériel :
- une paire de ciseaux,
- une bande de papier rectangulaire de 9 cm de largeur,
- un crayon à papier.

Le travail est un trésor mais plus on est nombreux et moins il est pénible !

1 Prépare une bande de papier, pas trop épaisse, rectangulaire, de 9 cm de large.

2 Plie-la en accordéon tous les 3 cm.

3 Reproduis le motif proposé ci-contre sur la première face de l'accordéon.

4 Découpe soigneusement les contours du dessin avec les ciseaux, en prenant toutes les épaisseurs.

5 Déplie l'ensemble.

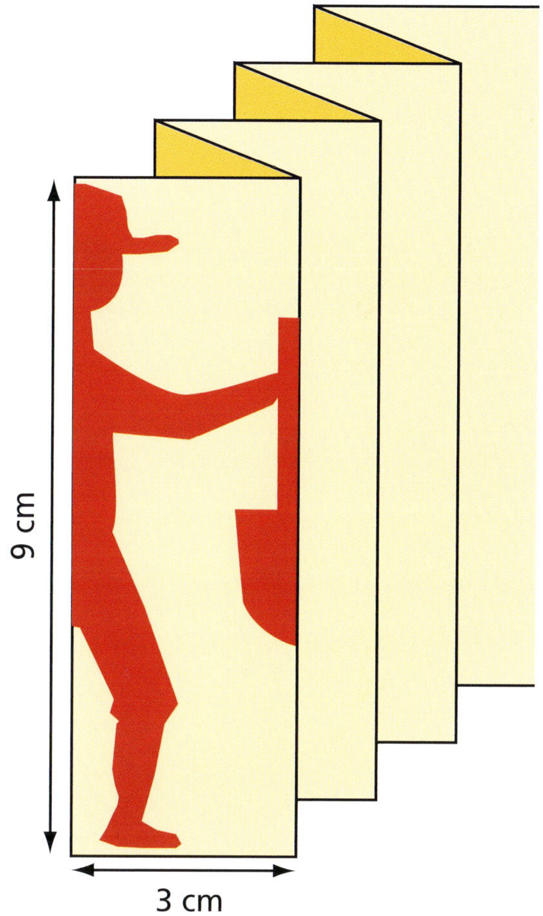

Pour obtenir une très grande quantité de laboureurs avec leurs pelles, place plusieurs ribambelles les unes à la suite des autres et fixe-les sur l'envers.

Tu peux réaliser toutes sortes de modèles sur ce principe.

La Cigale et la Fourmi

La Cigale, ayant chanté
Tout l'été,
Se trouva fort dépourvue
Quand la bise fut venue.
Pas un seul petit morceau
De mouche ou de vermisseau.
Elle alla crier famine
Chez la Fourmi sa voisine ;
La priant de lui prêter
Cinq cents grains pour subsister
Jusqu'à la saison nouvelle.
Cinq cents grains, répondit-elle
Vous me rembourserez ce prêt,
Avec trois pour cent d'intérêt
En surplus du capital
Avant l'août, **pauvre** animal !
La Fourmi n'est pas prêteuse ;
C'est là son moindre défaut.
Que faisiez-vous au temps chaud ?
Dit-elle à cette emprunteuse.
Nuit et jour à tout venant
Je chantais, ne vous déplaise.
Vous chantiez, j'en suis fort aise :
Eh bien ! **Comptez** maintenant.

Pour comprendre la fable

dépourvue : n'ayant pas, manquant (de nourriture).

la bise : le vent froid qui souffle en hiver.

crier famine : dire qu'elle mourait de faim.

pour subsister : pour pouvoir continuer à vivre.

emprunteuse : une personne qui demande qu'on lui prête quelque chose.

j'en suis fort aise : j'en suis bien contente.

intérêt : lorsqu'on emprunte de l'argent, on doit payer, à la personne qui prête, le service qu'elle rend à l'emprunteur. C'est ce qu'on appelle l'intérêt.

le capital : c'est la somme empruntée dans un prêt.

Les mots cachés

La cigale a caché des mots de la fable. Ils sont écrits, chacun, dans l'une des huit directions de cette grille (← ↖ ↑ ↗ → ↘ ↙ ↓). Une même lettre peut être utilisée dans plusieurs mots. **Retrouve et barre tous les mots cachés. En assemblant alors les huit lettres restantes, tu trouveras ce que cette emprunteuse devait payer.**

E	L	A	M	I	N	A	R
S	N	I	A	R	G	I	E
U	F	E	C	I	N	T	S
E	O	F	H	E	S	R	R
T	R	O	A	C	N	E	U
N	T	U	N	D	U	E	O
U	N	R	T	E	I	O	B
R	E	M	S	F	T	T	M
P	C	I	G	A	L	E	E
M	B	S	T	U	O	A	R
E	S	U	E	T	E	R	P

Liste des mots cachés

animal

cent

grains

août

prêteuse

emprunteuse

rembourser

cigale

défaut

bise

fourmi

mouche

aise

fort

chant

nuit

Le calcul de la cigale

Un prêt de « trois pour cent d'intérêts » signifie que l'on doit rendre, en plus de la quantité de grains empruntés, trois grains pour cent grains empruntés.

Pour 500 grains empruntés, il y a donc un intérêt de 5×3 grains en plus.
La cigale devra donc rembourser 15 grains en plus des 500 grains empruntés.
La cigale devra donc rendre finalement 500 + 15 grains : 515 grains.

Le commentaire du Kangourou

La Fontaine est un fabuliste, ce n'est pas un spécialiste des insectes. Jean-Henri Fabre, qui a passé presque tout le XIXe siècle à les étudier, nous rappelle que, dans la réalité, c'est la fourmi qui vient voler la cigale.
Lorsque celle-ci perce le rameau d'un arbuste et que la sève sucrée en jaillit, les fourmis viennent en profiter…
Surtout, la cigale ne vit qu'en été et ne mange ni mouche, ni vermisseau.
Elle pond ses larves à l'automne dans la terre où elles passent l'hiver enfouies !

La tirelire de la fourmi

Matériel : un crayon, une gomme, une paire de ciseaux, un cutter et du carton (type bristol)

La fourmi décide de construire une tirelire pour y placer ses économies. Munie de tout le nécessaire, *elle suit les instructions suivantes*.

1 Trace une figure à 5 côtés (pentagone régulier) en reproduisant le modèle ci-contre.
Découpe-la pour en faire un gabarit.

2 Dessine les contours du gabarit pour obtenir les deux patrons ci-contre.

3 Découpe les patrons puis marque les plis le long des pointillés.

4 Trace la fente et demande à un adulte de la découper au cutter.

5 Colle les deux patrons a et b ensemble l'un contre l'autre pour former un solide à 12 faces.

patron a

patron b

Et maintenant à toi d'être fourmi et de cacher tes économies dans ce que les matheux appellent un "dodécaèdre".

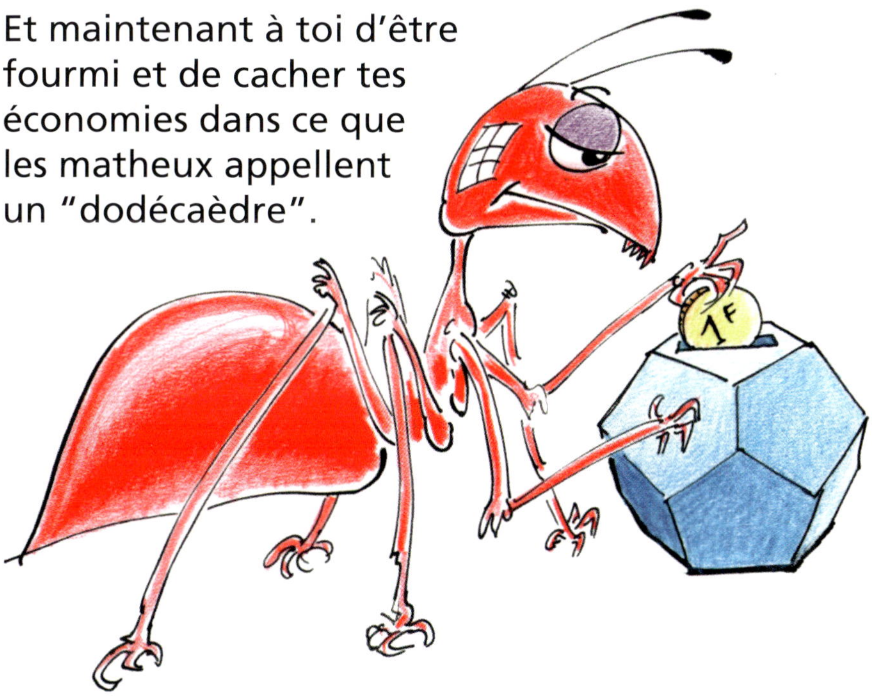

Les grains cachés de la fourmi

La fourmi cache une grande quantité des grains qu'elle a récolté.
Pour fêter Mardi-gras, elle veut retrouver ces grains.
Mais elle a oublié où ils sont !
Aide-la à retrouver son magot sous un des nombres de ce quadrillage.

- Pars du 5.
- Déplace-toi dans la grille horizontalement ou verticalement, en passant d'une case à une case voisine, contenant :
  - soit le double du nombre de la case où tu es,
  - soit 2 de moins que le nombre de la case où tu es.

Attention, certaines routes sont des impasses.

- Tu seras arrivé *à la cache de la fourmi* quand tu seras dans la partie rouge du quadrillage et que tu ne pourras plus avancer.

Le nombre écrit dans cette case te dévoilera trois nombres :
- trouve le premier en divisant le nombre de la case par 30,
- trouve le deuxième en divisant le nombre de la case par 5,
- trouve le troisième en divisant le nombre de la case par 12.

Remplace alors chaque nombre par une lettre selon le code suivant :

A=1, B=2, C=3, D=4, E=5, F=6, G=7, H=8, I=9, J=10, K=11, L=12, …, Z = 26.

Tu sais maintenant **quelle est la céréale cachée par la fourmi !**

5	10	18	19	9	6	12	10
9	8	16	14	12	10	5	80
18	24	34	28	27	43	26	64
36	38	24	26	24	22	20	40
34	40	48	96	192	394	392	36
32	42	46	44	42	74	56	38
30	92	82	48	40	38	36	34
28	96	42	40	20	60	30	32

Le Corbeau et le Renard

Maître Corbeau, sur un arbre perché,
Tenait en son bec un fromage.
Maître Renard, par l'odeur alléché,
Lui tint à peu près ce langage :
« Hé ! bonjour, Monsieur du Corbeau,
Que vous êtes joli ! que vous me semblez beau !
Sans mentir, si votre ramage
Se rapporte à votre plumage,
Vous êtes le Phénix des hôtes de ces bois. »
À ces mots le Corbeau ne se sent pas de joie,
Et pour montrer sa belle voix,
Il ouvre un large bec, laisse tomber sa proie.
Le Renard s'en saisit et dit : « Mon bon Monsieur,
Apprenez que tout flatteur
Vit aux dépens de celui qui l'écoute :
Cette leçon vaut bien un fromage, sans doute.
Fromage carré quoi qu'il en soit,
Large de douze et haut de trois,
En centimètres ; il est à moi. »
Le Corbeau, honteux et confus,
Calcula, mais un peu tard, **le volume perdu**.

Pour comprendre la fable

alléché : attiré et mis en appétit.

votre ramage : votre chant. Ce mot, qui n'est plus très employé, désignait les chants d'oiseaux dans les rameaux des arbres.

se rapporte à votre plumage : est aussi beau que votre plumage. C'est une flatterie : le renard ne pense pas vraiment que les corbeaux ont un beau plumage.

le phénix : le phénix était un oiseau fabuleux, unique en son genre et capable de renaître de ses cendres. Par extension, cette expression désigne quelqu'un d'unique en son genre, de supérieur aux autres.

laisse tomber sa proie : d'habitude, le mot proie désigne plutôt un animal que l'on a capturé et non un objet que l'on a attrapé. Ici, il désigne le fromage dont le corbeau s'était emparé.

Le labyrinthe

Le renard est farceur... mais pas méchant. Il a déposé le fromage de notre ami corbeau au centre de ce labyrinthe. *Aide notre volatile noir à retrouver le chemin vers son fromage.*

Pour cela, tu peux essayer de tracer son chemin mais tu risques de te perdre... Alors utilise un crayon à papier et une gomme pour faire tes recherches de cheminement.

Le calcul du volume

Le volume d'un pavé s'obtient en multipliant trois mesures : sa hauteur, la largeur et la longueur de sa base.
Ici $3 \times 12 \times 12 = 3 \times 144 = 432$.
Le volume du fromage est de 432 centimètres cubes.

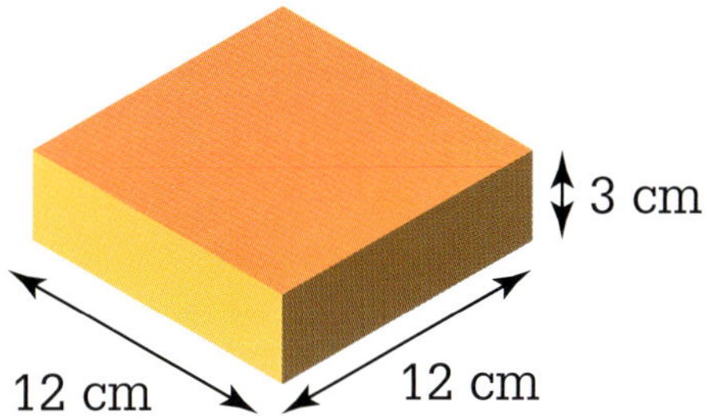

Le commentaire du Kangourou

La Fontaine ne le savait peut-être pas : les corbeaux sont des animaux ayant de grandes capacités à compter. Cela a été prouvé par une expérience simple. Des observateurs se sont cachés dans un abri près d'un nid de corbeaux. Tant qu'il y a un homme dans l'abri, les corbeaux se refusent à sortir. En faisant entrer tous ensemble, puis sortir un par un les observateurs de la cachette, on a pu voir que jusqu'à cinq, les corbeaux savaient "compter" et attendaient la sortie du dernier caché.

Les animaux cachés

Pour échapper à un chasseur bien mal intentionné, les corbeaux et les renards se sont cachés derrière une palissade. On peut juste compter les pattes et les têtes.
66 pattes et 19 têtes…

Combien cela fait-il de corbeaux et de renards ?

Le pavage d'oiseaux

MATÉRIEL : calque, feuille cartonnée (type bristol), feuille blanche

Voici un pavage réalisé avec 8 oiseaux identiques.
À toi de réaliser un pavage semblable mais beaucoup plus grand.

Voici ce qu'il te faut faire :

1 Décalque un des oiseaux et reproduis-le sur une feuille cartonnée.

2 Découpe l'oiseau que tu as tracé sur ta feuille cartonnée. Tu obtiens ainsi le gabarit de l'oiseau.

3 À l'aide de ce gabarit, tu peux reproduire le pavage ci-dessus en traçant le contour de ta forme. Fais attention à bien positionner ton gabarit.

4 Tu peux maintenant prolonger le pavage. Il ne doit pas y avoir de trous…
Agence les oiseaux de manière à ce qu'ils s'encastrent tous les uns dans les autres.

5 Pour finir, tu peux colorier ton pavage avec différentes couleurs.

La Grenouille qui veut se faire aussi grosse que le Bœuf

Une Grenouille vit un Bœuf
Qui lui sembla de belle taille.
Elle qui n'était pas grosse en tout comme un œuf,
Envieuse s'étend, et s'enfle, et se travaille,
Pour égaler l'animal en grosseur ;
Disant : Regardez bien, ma sœur,
Je double mon côté, mon volume a doublé !
Nenni. A-t-il triplé ? Point du tout ! Quadruplé ?
Vous n'en approchez point. La chétive pécore
S'enfla si bien qu'elle creva.

Le monde est plein de gens qui ne sont pas plus sages :
Qui doublant le côté croient doubler le volume.
Ô toi qui vois ici le produit de ma plume,
D'une règle plus juste énonce-nous l'usage.

Pour comprendre la fable

s'étend, s'enfle et se travaille : la grenouille essaye de se gonfler, de se grossir au maximum.

chétive : petite et maigre, de faible constitution.

pécore : au temps de La Fontaine, ce mot désignait simplement un animal. De nos jours, il désigne aussi une femme sotte et prétentieuse.

La grenouille s'éclate

La grenouille s'enfla si bien qu'elle en éclata !

Quelles sont les pièces de puzzle qui sont nécessaires pour reconstituer notre malheureuse grenouille ? Lesquelles sont en trop ?

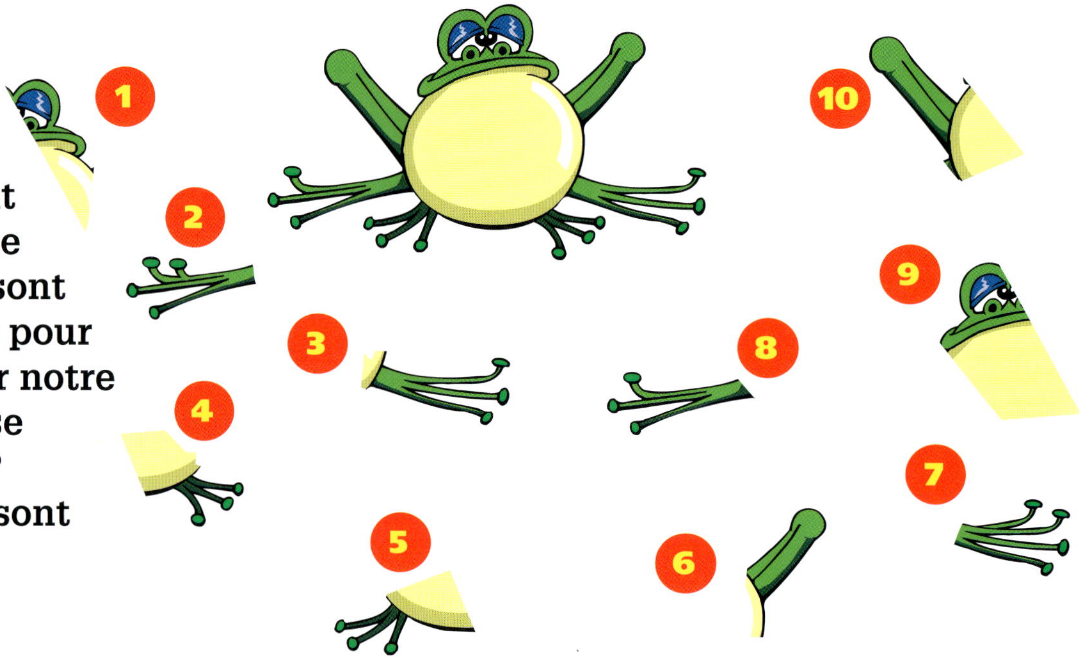

La supériorité du bœuf

Trouve le nombre caché dans chaque étiquette. Chaque nombre t'indique une lettre de l'alphabet (*a* = 1, *b* = 2, etc.). En mettant un peu d'ordre dans ces lettres, tu pourras découvrir la cause de la supériorité du bœuf.

Le multiple de 11 qui annonce la police

Les jours en 3 semaines

La moitié des jours d'Avril

Porte-bonheur du vendredi

Les mois de l'année

Un quart de vingt

L'erreur de la grenouille

La grenouille pense qu'en doublant ses dimensions, cela fait doubler son volume. Elle se trompe : en multipliant par deux tous les côtés d'une figure, on multiplie son aire par quatre et s'il s'agit d'un volume, **on multiplie son volume par huit !**

Pour le comprendre, il suffit de prendre des objets simples, le carré et le cube par exemple.

- En doublant le côté d'un carré, on multiplie sa surface par 4.
- En doublant le côté d'un cube, on multiplie son volume par 8.

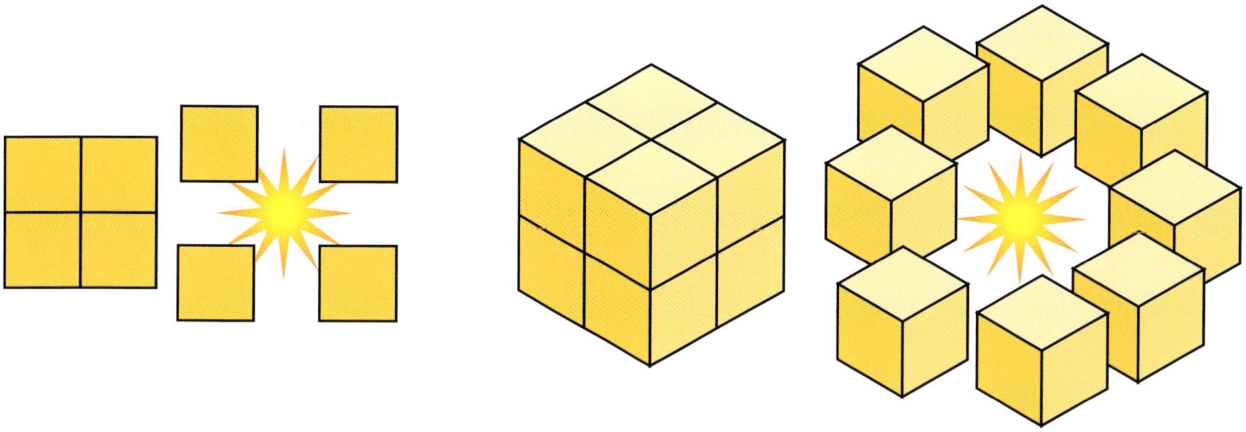

Le commentaire du Kangourou

C'est un piège classique dans lequel est tombée la grenouille. Le Kangourou aime bien utiliser ce piège dans son jeu car il attrape beaucoup de gens ! Quant à l'affaire d'une grenouille qui se gonfle volontairement jusqu'à éclater, elle est peu crédible. Mais elle est à rapprocher de la curieuse propriété du système respiratoire des batraciens, lesquels, dénués de muscles thoraciques (ceux qui permettent de gonfler ou comprimer les poumons) sont obligés d'aspirer l'air en contractant leur gorge. La Fontaine ne savait sans doute pas à son époque que sans les batraciens, nous, humains, ne serions peut-être jamais apparus sur la terre : les charmantes bébêtes gluantes sont en effet parmi les premiers vertébrés à être sortis de l'eau pour coloniser le milieu terrestre, il y a environ trois cent millions d'années.

SOLUTIONS

Page 5. Les rébus de l'agneau.
1 - **DÉSALTÉRAIT** (dés - haltères - haie)
2 - **MAJESTÉ** (mât - jet - s'- thé)
3 - **CALMEMENT** (cale - meuh - ment).

Page 6. La poursuite. Tous les 3 sauts le loup gagne 5 mètres sur le Kangourou ($3 \times 5 = 15$ et $15 - 10 = 5$). Le Kangourou a pris 100 mètres d'avance : $100 = 20 \times 5$. Pour rattraper le Kangourou, le loup doit donc faire 20 fois ces 3 sauts, soit 60 sauts. Mais 50 est plus petit que 60 : le loup s'épuise et le Kangourou est sauvé.

Page 7. Les charades du loup.
1 - **MULTIPLIER** (mule - ti - plier)
2 - **HUMILIER** (Hue- mie - lier)
3 - **MATHÉMATIQUES** (ma - thé - mât - tic)
4 - **KANGOUROU** (quand - goût - roue).

Le reflet du loup. Les différences sont (pour l'image du bas) : la taille de l'oreille gauche, la tache blanche dans l'oreille droite, la pupille de l'œil gauche, la narine droite, la dent à droite.

Page 9. Le filet du pêcheur. Il y a 14 poissons (de *a* à *n*) et ils ont été pêchés dans l'ordre : l ; k ; m ; j ; d ; c ; b ; g ; i ; h ; f ; e ; n ; a.

Page 14. L'animal caché.

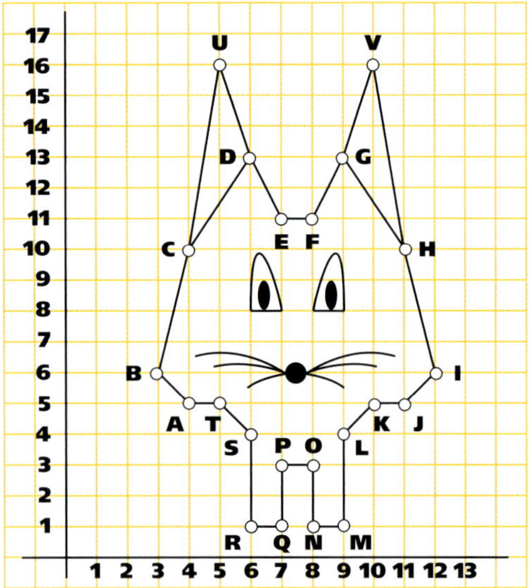

Page 17. Le champ du laboureur. La somme des trois distances vaut 130 mm pour tous les points. Le trésor peut se trouver n'importe où dans le champ.

Page 18. Le défi du laboureur.

Page 21. Les mots cachés de la cigale. Le mot à trouver est « **INTERETS** ».

Page 24. Les grains cachés de la fourmi.

5	10	18	19	9	6	12	10
9	8	16	14	12	10	5	80
18	24	34	28	27	43	26	64
36	38	24	26	24	22	20	40
34	40	48	96	192	394	392	36
32	42	46	44	42	74	56	38
30	92	82	48	40	38	36	34
28	96	42	40	20	60	30	32

Le cheminement mène au nombre 60.
$60 = 30 \times \mathbf{2} = 5 \times \mathbf{12} = 12 \times \mathbf{5}$.
Les nombres 2, 12, 5, correspondent aux lettres B, L, E. La fourmi a caché des grains de blé.

Page 26. Le labyrinthe

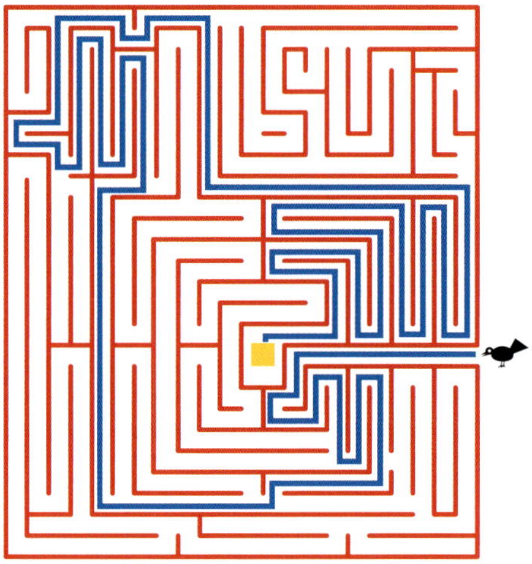

Mais, ne pourrais-je pas y aller en volant ?

Page 27. Les animaux cachés. Il y a 19 animaux en tout derrière la palissade (puisqu'il y a 19 têtes). S'il n'y avait que des corbeaux derrière la palissade, on compterait 2×19, soit 38 pattes.
Il y a 66 – 38, donc 28 pattes supplémentaires, qui proviennent des renards. Chaque renard a 2 pattes de plus qu'un corbeau. Ces 28 pattes viennent donc de 14 renards.
Conclusion : il y a **14 renards et 5 corbeaux** (et on peut vérifier : $14 \times 4 + 5 \times 2 = 56 + 10 = 66$).

Page 30. La grenouille s'éclate. Les morceaux supplémentaires sont les numéros **2** et **7**.
La supériorité du bœuf.
Le multiple de 11 qui annonce la police = 22 = V.
La moitié des jours d'avril = La moitié de 30 = 15 = O.
Les mois de l'année = 12 = L.
Jours en 3 semaines = 21 = U.
Porte-bonheur du vendredi = 13 = M.
Un quart de vingt = 5 = E.
Le mot est **VOLUME**.